Jayne Lo

Planeamento e conceção para o crescimento urbano

Jayne Lo

Planeamento e conceção para o crescimento urbano

ScienciaScripts

Imprint
Any brand names and product names mentioned in this book are subject to trademark, brand or patent protection and are trademarks or registered trademarks of their respective holders. The use of brand names, product names, common names, trade names, product descriptions etc. even without a particular marking in this work is in no way to be construed to mean that such names may be regarded as unrestricted in respect of trademark and brand protection legislation and could thus be used by anyone.

Cover image: www.ingimage.com

This book is a translation from the original published under ISBN 978-3-659-90328-1.

Publisher:
Sciencia Scripts
is a trademark of
Dodo Books Indian Ocean Ltd. and OmniScriptum S.R.L publishing group

120 High Road, East Finchley, London, N2 9ED, United Kingdom
Str. Armeneasca 28/1, office 1, Chisinau MD-2012, Republic of Moldova, Europe
Managing Directors: Ieva Konstantinova, Victoria Ursu
info@omniscriptum.com

Printed at: see last page
ISBN: 978-620-8-62306-7

Índice :

Agradecimentos

Gostei muito do processo de aprendizagem e dos conhecimentos adquiridos ao longo da investigação e da redação desta tese. Mas sem a ajuda das seguintes pessoas, o meu percurso não teria sido o mesmo.

Antes de mais, gostaria de agradecer ao meu supervisor, Camillo Boano, que me orientou, apoiou e ajudou constantemente ao longo destes últimos meses, apesar da sua ausência do país.

Em segundo lugar, estou muito grato ao Professor Ray Forrest e ao Dr. Yip Ngai Ming da Universidade da Cidade de Hong Kong, que despertaram o meu interesse por esta tese sobre o desenvolvimento de novas cidades e que também me incentivaram a fazer este mestrado na Unidade de Planeamento do Desenvolvimento.

Gostaria também de agradecer de forma especial às minhas maravilhosas amigas Louise Brown, que disponibilizou o seu tempo para rever o meu trabalho, e Emma Sauvanet, que fez o trabalho mais importante de todos: imprimir, encadernar e entregar este documento para mim, enquanto inicio o próximo capítulo da minha vida. Este trabalho não teria sido possível sem vocês as duas!

Por último, estou muito grato à minha família em Hong Kong, que sempre me apoiou e me deu o seu encorajamento e apoio emocional ao longo do meu ano na UCL.

Lista de abreviaturas

HK	Hong Kong
HKNT	Hong Kong New Town
MTR	Mass Transit Railway
NT	New Town
NTDP	New Town Development Plan
TSW	Tin Shui Wai
TW	Tsuen Wan

1.0 Introdução

"Tal como a arquitetura, a cidade é uma construção no espaço, mas uma construção em grande escala, algo que só é percebido durante longos períodos de tempo. O desenho da cidade é, portanto, uma arte temporal, mas raramente pode utilizar as sequências controladas e limitadas de outras artes temporais, como a música. Em diferentes ocasiões e para diferentes pessoas, as sequências são invertidas, interrompidas, abandonadas, cortadas. Podemos ver isto em todos os tipos de luz e em todos os tipos de tempo.

Kevin Lynch (I960 : 1)

A citação de Lynch resume a importância do planeamento urbano do espaço físico para permitir, controlar ou limitar as acções dos utilizadores do espaço. [1]Esta tese pretende mostrar que, para além de proporcionar mais habitação para uma população em crescimento, só será possível criar bairros funcionais e sustentáveis se os urbanistas tiverem em conta as relações e os conflitos que a conceção dos espaços pode ter com os seus utilizadores. Esta tese utilizará uma combinação de conceitos teóricos e estudos de caso para ilustrar os efeitos da "má" conceção do espaço nas novas cidades de Hong Kong (HK) sobre o ambiente social. Esta má conceção ocorre quando não há uma consideração aprofundada da forma como as caraterísticas de um lugar, tal como produzidas pela orientação e conceção espacial, podem satisfazer as necessidades dos seus habitantes, resultando numa falta de coesão entre o social e o espacial. É através da compreensão desta relação sócio-espacial que os planeadores podem melhorar a sua capacidade de promover e alimentar os bairros actuais e futuros. Este tema é

[1] Definido nesta tese como um bairro que não está totalmente dependente das áreas circundantes para a sua

importante porque, embora as cidades estejam a aumentar de tamanho com a modernização, estão limitadas pela escassez de recursos de terra. Consequentemente, na ausência de bairros novos, sustentáveis e bem concebidos, continuarão a desenvolver-se conflitos sociais e espaciais.

1.1. Criar bairros

O afluxo de pessoas às cidades na sequência da industrialização conduziu a uma mudança global nas prioridades e objectivos da política e do planeamento urbanos. Atualmente, a população urbana mundial está a aumentar em 60 milhões de pessoas por ano e prevê-se que cresça 1,5% por ano entre 2025 e 2030 (OMS, 2013). Consequentemente, a densidade urbana está a tornar-se uma questão vital, uma vez que pesa sobre uma miríade de questões, nomeadamente os recursos fundiários e as infra-estruturas. Numerosos métodos foram estudados, analisados e postos em prática por urbanistas, decisores políticos e arquitectos para abordar esta questão premente.

Das 50 áreas urbanas mais densamente povoadas do mundo, medidas em número de habitantes por quilómetro quadrado de terra, HK tem a terceira maior densidade (26.100), depois de Dhaka (44.500) e Mumbai (31.700) (Demographia, 2013). No entanto, o que distingue HK é o facto de, ao longo dos anos, ter conseguido acomodar a sua população crescente, enquanto Mumbai e Dhaka enfrentam problemas de sobrelotação, que levaram ao aparecimento de bairros de lata. Rowe (2005) argumenta que HK é diferente porque tem uma forma diferente de acomodar a sua população.

HK servirá, por conseguinte, de estudo de caso para o presente documento. O desenho físico caraterístico de HK, constituído por inúmeras torres verticais volumétricas, permite uma elevada densidade de habitação. Estes edifícios são uma caraterística importante da cidade, e a natureza desta forma homogénea de construção é complementada por uma população ativa igualmente homogénea ( ). Os residentes de HK deslocam-se, principalmente durante a hora de ponta, das suas casas para os seus escritórios em arranha-céus através do sistema de transporte ferroviário (MTR), muito utilizado. Este estilo de vida repetitivo e mundano reflecte a vida quotidiana da maioria da população. Consequentemente, um planeamento urbano meticuloso em todos os seus aspectos é vital para manter uma cidade tão ordenada e sistemática, para garantir o bom funcionamento da cidade como um todo. Além disso, será também necessário um planeamento meticuloso para continuar a acolher mais migrantes no futuro.

Devido à escassez de recursos terrestres, o governo pôs em prática um programa contínuo de recuperação de terras do mar e dos pântanos, a fim de reduzir a densidade urbana. Atualmente, mais de 35% dos terrenos urbanizados em Hong Kong foram recuperados do mar (Jiao et al., 2005). [2]Para além da recuperação de terras, na década de 1970, o governo começou a planear e a desenvolver NT nos Novos Territórios , que albergam atualmente 50% da população da cidade (Yeh, 2011). Embora as densidades nestas cidades sejam comparativamente mais baixas do que nas zonas urbanas mais antigas, estas enfrentam uma série de outros problemas. Por exemplo, sabe-se que a violência doméstica e a delinquência juvenil são comuns nestas zonas, tal como o isolamento físico e social com base no estatuto social e económico (Lo, 2011). É evidente que, ao conceber novas áreas ou bairros nas cidades, os planeadores têm a enorme

[2] O território a norte da península de Kowloon, adjacente à China continental

responsabilidade de garantir que a fisicalidade da conceção espacial não desencoraja ou prejudica a identidade de um bairro. Os pormenores do desenvolvimento do NT serão discutidos no próximo capítulo.

1.2. Importância, finalidades e objectivos do estudo

Embora haja muita investigação sobre a conceção de bairros urbanos e um conjunto crescente de literatura sobre projectos de NT, há relativamente pouco sobre o impacto da verticalidade e o poder da conceção destas estruturas físicas no sentido de lugar e de comunidade (Forrest et al., 2002). Esta tese defende, portanto, que os desenhos espaciais e o planeamento urbano de alguns projectos de NT em HK não tiveram em conta a produção do espaço social e, por conseguinte, negligenciaram o resultado destes bairros. Este tema é importante porque realça a importância da forma como o espaço produz o social e mostra como um planeamento espacial e físico deficiente das cidades pode limitar a vitalidade do espaço social. Esta é uma questão urgente e crescente num mundo em que os recursos terrestres são cada vez mais escassos nas cidades globais. Para além disso, este documento contribui para preencher a lacuna de conhecimento sobre a importância das estruturas e desenhos volumétricos e verticais na criação de bairros e comunidades. Para tal, adoptará uma investigação secundária utilizando conceitos teóricos recentes e reconhecidos. Os dados específicos do estudo de caso serão recolhidos a partir de artigos de jornais, reuniões de conselhos distritais e debates, entre outras fontes secundárias.

Esta tese começará por situar o desenvolvimento histórico do NT em HK no seu contexto atual. Em seguida, explorará a literatura sobre planeamento e design urbanos e o surgimento da ideia de NT. A espinha dorsal do trabalho será o enquadramento teórico dos conceitos estudados: como as tipologias e morfologias urbanas transformam o espaço em "lugar" (Jacobs); as relações dinâmicas entre os espaços urbanos e a produção social (Deleuze); como estes elementos constroem e criam a identidade do bairro. No final do capítulo sobre o enquadramento teórico, será desenvolvido um conjunto de critérios utilizados como ferramenta analítica para medir "o que faz um bom bairro". Estes critérios serão utilizados para analisar os estudos de caso do HK NT selecionados para ilustrar o facto de a abordagem modernista do planeamento, que consiste na produção em massa de estruturas físicas padronizadas e homogéneas, não ter conseguido produzir o que é considerado um "bom bairro". Para concluir, serão discutidas as ramificações futuras de bairros e NTs mal concebidos e serão consideradas sugestões sobre a forma como estes problemas podem ser mitigados.

1.3. Hong Kong: o contexto da vida de alta densidade

Desde a libertação do continente em 1949, os refugiados do continente fugiram para HK, aumentando a população da cidade de 1,6 milhões para 2,36 milhões entre 1941 e 1950 (So, 2004). Os refugiados deslocaram-se em busca de um ambiente político mais estável, de melhores oportunidades de emprego e de um nível de vida mais elevado. Desde então, este afluxo de migrantes tem vindo a sobrecarregar as infra-estruturas e os recursos da cidade, sendo a habitação (e, consequentemente, os terrenos) a necessidade mais premente. Coincidentemente, foi durante este período, em 1972, que o governo anunciou o seu primeiro plano para desmantelar os bairros de lata e realojar os residentes em edifícios altos de baixo custo. Este plano foi lançado na sequência de um incêndio no bairro de Shek Kip Mei, que destruiu todos os bairros de lata da zona, deixando 50.000 pessoas sem casa (ibid.). O governo anunciou um plano para desenvolver habitação pública suficiente para realojar 1,8 milhões de pessoas em 10 anos, eliminando as ocupações existentes (ibid.). O sucesso desta estratégia de habitação, que consistia em alojar uma grande população num espaço condensado, deu origem ao desenvolvimento de bairros sociais privados em Hong Kong. O primeiro conjunto habitacional foi o Mei Foo Sun Chuen, construído em oito fases entre 1965 e 1978 (Chan, 1995). O governo construiu-o na altura para complementar o desenvolvimento dos bairros sociais, uma vez que satisfazia as necessidades das famílias de rendimento médio, que não tinham os mesmos requisitos que os ocupantes. Quando concluído, Mei Foo era o maior conjunto habitacional privado do mundo, com 99 complexos que albergam atualmente cerca de 80.000 pessoas em 13.500 apartamentos (ibid.). No entanto, apesar do sucesso dos projectos habitacionais públicos e privados, a crescente população migrante exerce uma pressão constante sobre os já limitados recursos fundiários da cidade. Por conseguinte, o governo adoptou planos para a recuperação em grande escala do porto de HK, situado entre a ilha de Hong Kong e a península de Kowloon (ver Figura 1.1), e para a demolição de encostas, mas estas medidas foram insuficientes para fazer face ao rápido crescimento da população. Esta situação levou à ideia de desenvolver NT na periferia das cidades. Estas cidades foram construídas com o objetivo de reduzir o congestionamento no centro das cidades, diminuir a sobrelotação das zonas urbanas e proporcionar à classe trabalhadora uma habitação mais acessível e com melhores condições ambientais (Chalkley, 1997; So, 2004).

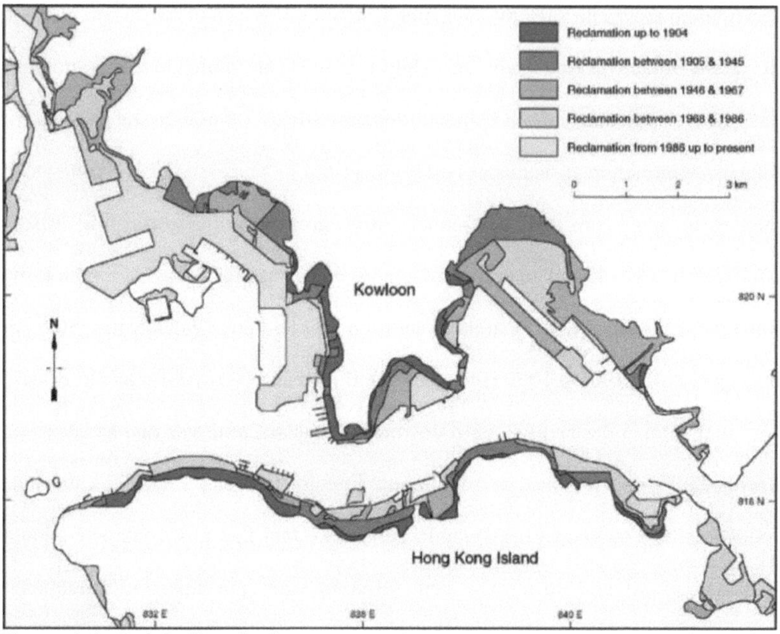

Figura 1.1 - Reivindicação de terras em Hong Kong entre 1904 e 2000.

(Fonte: Departamento de Engenharia Civil e Desenvolvimento de Hong Kong, 2000)

Para além de oferecer mais alternativas de habitação aos imigrantes da classe trabalhadora, o governo também reforçou o controlo sobre os imigrantes da China continental. Entre 1982 e 1993, o número de imigrantes chineses do continente autorizados a entrar em Hong Kong foi limitado a 75 por dia (Wong, 2008). Este número foi aumentado para 150 por dia em 1995 (ibid.). A maioria destes migrantes estava a cargo de residentes de Hong Kong, pelo que não era provável que entrassem diretamente no mercado de trabalho (So, 2004). No entanto, esta situação conduziu a um grande número de problemas e de violência doméstica, particularmente entre as famílias que vivem no NT.

Além disso, estudos demonstraram que os edifícios altos produzem polarização horizontal e vertical (Forrest et al., 2004). Um edifício residencial típico em Hong Kong tem entre 30 e 40 andares e alberga uma população socialmente homogénea, mesmo que o edifício esteja localizado numa zona socialmente heterogénea. Como a renda de um edifício no sector da habitação privada é semelhante, as pessoas que vivem no mesmo edifício tendem a ter caraterísticas socioeconómicas semelhantes (ibid.). Esta homogeneidade é ainda mais acentuada nos bairros públicos, uma vez que a autoridade responsável pela habitação estabeleceu políticas de atribuição que selecionam determinados grupos sociais para cada bairro específico (ibid.). Por exemplo, os idosos tendem a residir nas zonas mais antigas do centro da cidade, enquanto os casais jovens são mais atraídos pelos NT (Chi e Chow, 1997). No entanto, a autoridade responsável pela habitação manteve os bairros públicos nas zonas urbanas mais antigas, o que contribuiu para manter uma mistura social, uma vez que os novos empreendimentos habitacionais privados teriam atraído a classe média alta para estas zonas. Este é um dos êxitos da política de manutenção da heterogeneidade urbana.

2.0. Revisão da literatura

Esta tese examinará o NT através de uma abordagem modernista do planeamento, que se centra em

- *Especialização* - assegurar que a conceção é especializada nas suas funções para atingir um objetivo específico, por exemplo, através da adoção de um zonamento do uso do solo (Hall, 1988) para reduzir os conflitos que podem afetar o funcionamento eficiente da cidade;
- *produção em massa* - por exemplo, a construção de instalações residenciais concebidas para acolher uma grande população num curto espaço de tempo; e
- *Normalização* - eliminar a heterogeneidade e substituí-la por formas normalizadas.

Tal como muitas cidades modernas em todo o mundo, o planeamento e o desenvolvimento urbanos em Hong Kong dirigiram gradualmente o investimento e a atenção para a periferia urbana, a fim de desencorajar as pessoas de se deslocarem para centros urbanos cada vez mais sobrelotados. Embora estas políticas tenham criado um ambiente lucrativo para o governo produzir comunidades de massas, estas não eram necessariamente habitáveis (Moe e Wilkie, 1997), pelo que o que era suposto "libertar" as pessoas dos centros urbanos congestionados levou, em vez disso, à criação de bairros sem lugar (Natrasony e Alexander, 2005). As teorias discutidas neste capítulo e os estudos de caso do NT apresentados no capítulo seguinte ilustram como uma abordagem modernista do planeamento levou os urbanistas e arquitectos a conceber e construir "espaços e não lugares" (Ley, 1989: 47), criando comunidades homogeneizadas cheias de vazios e não-lugares não estruturados (Solomon, 2003), apagando a cultura, a identidade e a história.

Este capítulo definirá os principais problemas associados ao planeamento modernista, como a densidade, a homogeneidade e a verticalidade da habitação, explicando assim a necessidade de NT. Será aberta uma discussão sobre a ligação intrínseca entre o espaço social e o desenho urbano, onde a prática social, os espaços de representação, os espaços da vida social são todos efeitos da prática espacial e das formas urbanas (Lefebvre, 1991). Estas noções de ligação entre as estruturas, relações e práticas sociais e as formas urbanas simbólicas (Tonkins, 2005) serão então analisadas e debatidas de modo a formular um quadro teórico e um conjunto de critérios mensuráveis baseados nos diferentes argumentos e teorias. Tendo compreendido as relações socioespaciais através da análise da forma como "os espaços urbanos podem ser vistos como estruturantes das relações e dos processos sociais e, por sua vez, como moldados pela ação e pelos significados sociais" (ibid: 2), os estudos de caso do NT em HK serão examinados para avaliar se apresentam as caraterísticas de um "bom bairro".

Antes de definir um bom bairro, a primeira pergunta a fazer é: o que é uma boa cidade? Como já referimos, a cidade não é apenas constituída pela sua materialidade, mas também pela miríade de utilizadores e objectos que nela se encontram e manobram. Como pergunta Madanipour no seu livro *Design of Urban Space* (1999): o que é o espaço urbano e como é produzido? É esta produção do espaço urbano que determina a forma como um bairro é formado e utilizado. Para questionar este conceito, temos primeiro de perguntar como é que o espaço urbano é percebido e explicado em diferentes paradigmas. Isto leva-nos a outra questão: que forças estão envolvidas na produção e modificação do espaço urbano? Assim, ao considerar o que constitui o espaço urbano e, por conseguinte, o potencial de um bom bairro, é também necessário considerar a relação entre o utilizador e o ambiente, e a qualidade visual da cidade em relação à sua legibilidade urbana. Este capítulo começará por avaliar a questão da densidade em HK, a fim de introduzir a necessidade de NT da cidade.

2.1. Cidade densa

Verificou-se que quando a dimensão da população excede um certo limite dentro de uma povoação, a relação entre a comunidade e o carácter mais amplo da cidade é prejudicada (Wirth, 1938). Os investigadores explicaram que este fenómeno se deve fundamentalmente à maior variedade de indivíduos e caraterísticas que existem numa população maior (ibid.). As diferenças sociais, culturais e económicas são, sem dúvida, as principais causas de conflito, sobretudo quando tantas pessoas com necessidades diferentes partilham e vivem no mesmo espaço. Por conseguinte, ao avaliar um bairro, é importante ter em conta os tipos de pessoas que utilizam o espaço e a forma como o espaço está concebido para impedir ou permitir determinadas acções, bem como os tipos de pessoas que desejariam utilizar o espaço com base na sua conceção. A análise do conceito de densidade ilustraria os potenciais problemas que a própria cidade já tem, explicando os problemas encontrados nas zonas residenciais.

Cuthbert (2011: 89) argumenta que a ideia de construir torres representa "uma solução tecnológica rápida para uma constelação profunda e endémica de problemas sociais". No entanto, observa que esta abordagem não tem em conta a resolução do problema da habitação, incluindo "a eficiência técnica, a melhoria dos padrões de saúde, a resolução dos problemas de utilização do solo no centro da cidade ou a oferta de maior comodidade e segurança psicológica aos residentes" (ibid.). Em contrapartida, a maioria dos estudos sobre HK sugere especificamente que viver em edifícios altos e de alta densidade nesta cidade é "normal" e aceite (Yeh, 2011), e tem efeitos mínimos no bem-estar físico e psicológico dos seus residentes.

HK distingue-se pela presença de arranha-céus, edifícios residenciais modernos e altos que facilitam uma vida de alta densidade. Estas caraterísticas estão todas associadas a cidades cosmopolitas e dinâmicas, sugerindo um estilo de vida moderno e um melhor nível de vida para os habitantes da cidade. No entanto, como as zonas residenciais de alta densidade significam que as casas são construídas verticalmente e não horizontalmente, as pessoas que vivem no mesmo edifício ou bairro tendem a ter um nível socioeconómico semelhante. Pessoas semelhantes de estatuto homogéneo são, portanto, forçadas pelas circunstâncias a viver na mesma zona (Wirth, 1938). Inversamente, uma população diversificada tem menos probabilidades de viver na mesma aglomeração compacta, uma vez que os seus requisitos de estilo de vida e meios financeiros são provavelmente incompatíveis. Por conseguinte, é comum que diferentes partes da cidade tendam a desempenhar funções especializadas (Wirth, 1938; Moudon, 1992). É por estas razões que os urbanistas sugeriram que a alta densidade e o contacto físico próximo com os indivíduos produzem "uma mudança nos meios pelos quais [eles] se orientam em relação ao ambiente urbano" (Wirth citando Simmel, 2000: 100), o que sugere que os indivíduos se posicionam em relação à forma como a localidade urbana está disposta, com os cidadãos a terem de fazer alterações adequadas aos padrões existentes de comportamento pessoal e cultural para se adaptarem às formas ambientais e físicas resultantes (ibid.). Isto sublinha novamente a importância das relações socioespaciais e sugere que a conceção e o planeamento urbanos homogéneos podem ter consequências negativas para as caraterísticas de um bairro e dos seus habitantes. Wirth (1938) argumenta que isto ocorre quando há uma combinação de estruturas sociais rígidas devido à heterogeneidade e à elevada densidade que aumenta a frequência e a intensidade da interação social, aumentando assim a possibilidade global de conflito social.

Por conseguinte, a noção de escala no planeamento urbano é um ponto essencial a considerar. O planeamento de uma grande escala de habitação de alta densidade pode levar à negligência não intencional de outras qualidades necessárias para que um bairro seja autossustentável e funcione de forma eficaz e eficiente.

2.2. O nascimento de novas cidades

A ideia das NTs ganhou destaque no início do século XX, com a publicação de "Garden Cities of Tomorrow", de Ebenezer Howard, em 1898. Howard sugeriu que as cidades deveriam reintegrar as pessoas nas zonas rurais para acolher os migrantes. Insistiu particularmente em que qualquer conceção ou planeamento urbano deveria depender inteiramente do contexto do bairro e que os princípios fundamentais incluíam a construção de uma comunidade forte, o desenvolvimento ordenado e a qualidade ambiental. A ideia da cidade-jardim tornou-se um modelo de planeamento urbano, adaptado e aplicado em maior ou menor escala em diferentes sociedades, a fim de melhorar a organização espacial da vida social e económica (Ward, 2007).

No entanto, vale a pena perguntar se o modelo da cidade-jardim - uma visão desenvolvida com base em contextos e experiências ocidentais - seria relevante nas cidades chinesas, em especial em Hong Kong. O modelo apelaria sobretudo à população de rendimento médio mais bem remunerada, cujas aspirações diferem das dos grupos de rendimento mais baixo, como a vontade de pagar mais para viver num ambiente de melhor qualidade no primeiro grupo e a vontade de sacrificar a qualidade de vida para se deslocar para mais perto do centro urbano, onde podem estar localizados os seus empregos, no segundo. Ward (2007) observa que, após 1945, o modelo da cidade-jardim sofreu uma mutação para se adaptar ao desenvolvimento das NT em muitos países, como a Suécia, o Reino Unido e o Reino Unido. No entanto, estes NT diferem do modelo de cidade-jardim na medida em que se destinam a satisfazer mais necessidades de habitação do que este último modelo, pelo que são construídos a densidades mais elevadas e incluem mais apartamentos altos do que casas isoladas (ibid.). Isto também significa que dependem da intervenção do governo e tendem a oferecer instalações comunitárias de pior qualidade do que as cidades-jardim.

2.3. Vida vertical

Tal como Wirth, Jacobs (1961) também critica a vida vertical e densa. Ela argumenta que o modelo de cidade-jardim de Howard não tem em conta a diversidade e a complexidade (ibid.). Na realidade, as cidades são sistemas orgânicos voláteis, pelo que devemos ter em conta a forma como o ordenamento do território produz o espaço social. É por isso que Jacobs defende que um bom bairro deve ter pelo menos uma função principal, para assegurar uma circulação humana suficiente através da área em diferentes alturas do dia (ibid.). A autora sublinha igualmente a necessidade de incorporar uma mistura de edifícios de baixo, médio e alto rendimento para garantir rendas baixas e incentivar o crescimento de empresas locais. Além disso, argumenta que um bairro demasiado denso leva a uma tendência para a construção de edifícios altos, onde as estruturas se tornam padronizadas (ibid.). A habitação de alta densidade em edifícios altos é vista como limitando a heterogeneidade dentro dos bairros, uma vez que todas as pessoas que vivem no mesmo edifício tendem a ter um nível socioeconómico semelhante. Isto significa que o bairro é suscetível de conter uma população homogénea, criando, por exemplo, um bairro com baixos rendimentos, o que pode conduzir a uma série de problemas, incluindo problemas domésticos e criminalidade (ibid.). Este é um problema particular em HK, uma vez que os NTs tendem a ser constituídos por esquemas de habitação pública de baixo rendimento. Em vez de providenciar habitação para pessoas com baixos rendimentos, Jacobs sugere que o governo encoraje o arrendamento privado subsidiado de habitação para pessoas com baixos rendimentos, para dispersar esta população pelo local em vez de a agrupar numa só área. Jacobs não encoraja estruturas verticais, que simplificam demasiado a complexidade dos bairros, e promove, por isso, o desenvolvimento horizontal no planeamento urbano.

Para criticar o argumento de Jacobs, existem programas públicos de habitação que incentivam a diversidade nas suas estruturas verticais. Por exemplo, em 1989, o Desenvolvimento Nacional de Singapura introduziu um programa de habitação que integrava comunidades multi-raciais, abolindo assim a sociedade plural através da habitação (Trocki, 2006). O então Ministro do Desenvolvimento Nacional, Dhanabalan, sublinhou que tinham criado comunidades inteiramente novas, baseadas na integração social e racial, a fim de acabar com os antigos enclaves raciais e os bairros urbanos homogéneos (Dhanabalan, 1989). No entanto, as entrevistas com os residentes destes bairros revelam a ausência de um forte sentido de comunidade, uma assistência mútua mínima por parte dos vizinhos, fracos laços familiares e de grupo e uma segurança pública reduzida (Wang, 1995).

Por conseguinte, outra componente importante de um bairro sustentável é uma mistura socioeconómica e racial equilibrada para evitar tensões sociais e a segregação da população por classe e rendimento em toda a cidade. Este equilíbrio pode ser alcançado através do planeamento espacial, da mistura de habitações e dos tipos de serviços prestados.

2.4. HongKongNovas cidades

Qual é a relevância do modelo de cidade-jardim como modelo de urbanização sustentável no contexto do planeamento de Hong Kong? Em primeiro lugar, escusado será dizer que o significado e o papel de um bairro ou comunidade na Hong Kong contemporânea são muito diferentes dos que se estudam nas cidades do mundo ocidental. Por exemplo, os princípios fundamentais das cidades-jardim, nomeadamente uma comunidade forte, o desenvolvimento ordenado e a qualidade ambiental, podem não ser aplicáveis no contexto dos bairros de Hong Kong. Além disso, a literatura ocidental sobre bairros tende a centrar-se em comunidades horizontais de baixa altura e baixa densidade. As estruturas verticais não são encorajadas, como mostram os trabalhos de Jacobs (1961) e Howard (1898), o que é exatamente o oposto em muitas cidades cosmopolitas não ocidentais. HK oferece um cenário altamente contrastante em termos de formas físicas, dimensões espaciais, contexto histórico e enquadramento cultural. Esta tese contribuirá, portanto, para preencher a lacuna de conhecimento, não só investigando a dialética socio-espacial de NT, mas também desvendando as potencialidades do estudo da noção de bairro e comunidade no seu seio.

Em 1971, o governo de Hong Kong lançou um Programa de Desenvolvimento de Novas Cidades (NTDP) para transformar as cidades rurais numa nova geração de cidades-satélite, com base nos objectivos do modelo de Cidade Jardim de Howard (Pun, 1987), a fim de descentralizar as zonas urbanas congestionadas. O plano foi introduzido em 1973 como um programa de habitação a dez anos para alojar 1,5 milhões de pessoas em 10 anos (HK Gov, 2012). O primeiro dos nove NTs foi Tsuen Wan, com planos para o desenvolver "numa comunidade autónoma com um padrão equilibrado de utilização do solo concebido para permitir que as pessoas vivam a uma distância razoável do seu local de trabalho, com serviços públicos e instalações comunitárias adequados para o bem-estar de uma população de 1,2 milhões" e garantir que tinha "uma forma compacta, de alta densidade e de arranha-céus" (Leung, 1983, citado em Shelton et al., 2011: 95). Esta citação sublinha um plano de desenvolvimento sustentável a longo prazo, centrado na vida da comunidade e dos seus membros. Por conseguinte, o PDNT visa criar "comunidades auto-suficientes e equilibradas" com uma oferta adequada de espaços abertos, indústria, infra-estruturas, instalações recreativas e comerciais e tipos de habitação mistos.

Atualmente, cerca de 47% da população de Hong Kong vive nos Novos Territórios, grande parte da qual em habitações públicas nos nove NTs que foram desenvolvidos nos últimos 25 anos (Forrest et al., 2002). No entanto, muitas das cidades mais recentes estão relativamente distantes do centro urbano e, por conseguinte, relativamente isoladas espacialmente do resto da cidade. Por esta razão, a maioria dos estudos sobre as NTs tende a avaliar os seus padrões de interação social e coesão social, com muitos a centrarem-se nos problemas sociais decorrentes do impacto das longas deslocações pendulares e das elevadas concentrações de pessoas com baixos rendimentos no mesmo bairro (Vasoo, 1986). Isto é consistente com os argumentos de Wirth (1938) e Jacobs (1961) de que um bairro homogéneo é propenso a problemas sociais. No entanto, faltam estudos sobre a forma como a conceção física e a dimensão espacial dos NTs contribuíram para os problemas sociais que surgiram.

Para analisar as relações socio-espaciais no domínio urbano, as secções seguintes definem o espaço urbano, ilustram como este está intrinsecamente ligado à produção social e, assim, destacam a importância do espaço urbano e do planeamento na criação de práticas sociais.

2.5. Definição do espaço urbano

Para compreender as relações socio-espaciais, é necessário, em primeiro lugar, definir o conceito de espaço, de modo a compreender como este é uma parte essencial das caraterísticas de um bairro. O espaço urbano está intrinsecamente ligado ao desenho urbano e é essencial compreender não só o que estes dois conceitos significam, mas também como estão ligados, antes de tentar explorar a forma como estes espaços foram transformados. O espaço urbano tem uma miríade de definições, dependendo das diferentes disciplinas que consideram o espaço como o principal objeto do design urbano. Pode ser um espaço criado a partir de experiências sensoriais (Mayhew e Penny, 1992), a produção de processos sociais (Goodall, 1987), uma dimensão física criada pela essência da arquitetura (Zevi,

1957; Van der Laan, 1983; Tschumi, 1990) ou uma noção complexa de "combinação de pessoas e objectos a partir de uma variedade de perspectivas interligadas" (Madanipour, 1996, p. ix).

Na literatura geográfica, os relativistas defendem que o espaço é "criado" pela forma como os seus utilizadores e a sociedade o percepcionam (Mayhew e Penny, 1992), sendo, portanto, perpétuo e socialmente produzido com base nas caraterísticas do próprio espaço (Goodall, 1987). Os arquitectos, por outro lado, estão mais preocupados em definir o espaço, tornando-o distinto (Tschumi, 1990). Por exemplo, o espaço entre as paredes é um novo espaço criado a partir das paredes, separado e diferente do espaço natural que as rodeia (Van der Laan, 1983). Por outras palavras, a abordagem arquitetónica à definição do espaço diz respeito às estruturas físicas que criam limites ou quebras na continuidade do espaço urbano. Estas fronteiras criam novos espaços no interior e no exterior. Definir o espaço na dimensão arquitetónica significa, portanto, determinar os limites de um "material uniformemente estendido a ser moldado de várias maneiras" (Tschumi, 1990: 13-14). Embora os arquitectos não se debrucem sobre a dimensão social do espaço, a definição acima sublinha a importância de examinar os limites estruturais produzidos pelo desenho urbano e a sua relação com o elemento social dos espaços urbanos. Estas são as estruturas físicas que permitem à sociedade percecionar os espaços de uma determinada forma, o que influencia o modo como são utilizados.

Além disso, os urbanistas adoptam uma abordagem diferente da dos teóricos acima referidos, que dissociam o social e o espacial. Em vez disso, definem o espaço urbano como uma combinação dialética do espaço social e do ambiente construído.

Como Colquhoun (1989: 223) afirma, o espaço social é "as implicações espaciais das instituições sociais", enquanto o ambiente construído é a morfologia física que afecta as percepções, a utilização e o significado do espaço pelas pessoas. Por exemplo, ao longo do tempo, a função dos edifícios muda, uma vez que têm de se adaptar para satisfazer as necessidades da natureza fluida e dinâmica das cidades. Isto ilustra a complexidade da dialética social e espacial e o facto de os espaços variarem ao longo do tempo devido à heterogeneidade da sociedade. Lefebvre (1991) descreve estes novos espaços como "espaços diferenciais", porque surgem para ter em conta as diferenças.

Do mesmo modo, Soja (1989) defende que o espaço é compreendido primeiro através da sua natureza física e material, depois através da cognição mental e da representação, ou seja, quando os utilizadores do espaço exploram os significados do que a paisagem simboliza e, finalmente, através do espaço social. Seguindo Lefebvre (1991), Soja salienta que é difícil descrever a interconexão destes três espaços. O espaço urbano é, portanto, uma entidade complexa que é constituída não só pelo espaço físico e social, mas também pelo espaço mental, produzido pelas estruturas que determinam as suas funções e representações, as quais conferem aos espaços urbanos a sua identidade. É, portanto, o processo de produção das três dimensões que deve ser considerado, mais do que o estudo de coisas específicas no espaço, porque o processo e o produto no espaço são inseparáveis (Madanipour, 1996).

Entre a miríade de literatura modernista aqui mencionada, esta tese procura afirmar que o espaço urbano é moldado e criado pelas interações dinâmicas entre as dimensões físicas e sociais. Consequentemente, o espaço urbano não pode ser avaliado ou percebido como um fenómeno independente. Por exemplo, a conceção de um novo bairro de raiz não só deve garantir um número suficiente de habitações adequadas a diferentes grupos sociais, como também deve proporcionar acesso a todas as instalações e recursos necessários para permitir que um bairro se desenvolva de forma autónoma e sustentável. Estes bairros devem também poder ser modificados no futuro para acolher novas famílias. Para voltar à citação de Lynch na introdução, "o planeamento [urbano] é uma arte temporal, mas raramente pode usar as sequências controladas e limitadas das outras artes temporais [...] em diferentes ocasiões e para diferentes pessoas, as sequências são invertidas, interrompidas" [I960: 1]. Os urbanistas e arquitectos devem, portanto, ter em conta não só as funções que a conceção física produziria, mas também o tempo e o contexto específicos do território quando concebem, planeiam ou modificam um espaço habitacional. É preciso também ter em conta que nenhum contexto de bairro será exatamente o mesmo, pelo que as estruturas espaciais que se adequam a um espaço podem não se adequar a outro.

2.6. Conceção do espaço urbano

Depois de examinar as diferentes definições de espaço urbano, esta secção ilustrará como os bairros "tal como são modificados pelas pessoas, a sua forma e caraterísticas físicas, as forças que os moldam, o modo como são concebidos, produzidos, geridos, utilizados e modificados" são todos elementos importantes do desenho urbano [Moudon, 1992, p. 337]. Se tivermos uma melhor compreensão de como o planeamento molda o espaço para lhe dar a sua identidade [transformando assim o espaço em lugar], podemos então analisar se o planeamento espacial de um bairro é adequado para criar um ambiente sustentável, seguro e habitável ( ).

Para conceber "boas" cidades, bairros ou localidades, "é necessário compreender de que são feitas as cidades, como nascem e funcionam, o que significam para as pessoas" (Moudon, 1992: 332), o que levaria os projectistas a avaliar e a fazer recomendações para a conceção futura. A literatura modernista existente, no entanto, apresenta pontos de vista contrastantes sobre a relação entre o espaço urbano e a formação social. Saunders (1981) argumenta que não há razão para que determinadas formas espaciais ou localizações físicas devam moldar os processos sociais, uma vez que os arquitectos e urbanistas têm a liberdade de criar as estruturas espaciais que desejarem. Lynch, por exemplo, define o urbanismo em termos de uma simples dimensão física. Os críticos desta visão unidimensional argumentam que o urbanismo não se deve limitar às qualidades visuais do espaço urbano, pois isso ignoraria o papel principal do urbanismo, que é o de criar possibilidades de mudança espacial.

Estes críticos defendem que o estudo da conceção do tecido urbano deve abordar tanto o artefacto físico como o social como duas dimensões interdependentes (Harvey, 1985). Madanipour (1996: 20) argumenta que o espaço urbano não pode ser entendido simplesmente como um conjunto de relações sociais sem uma dimensão física. Afirma ainda que uma concetualização do espaço terá de se centrar na forma como o espaço físico percepcionado, criado e utilizado é integrado nas práticas quotidianas da sociedade, e que é através destes processos que o ambiente é compreendido (ibid.). Citando Sherwin Greene (1992: 186), "o objetivo final do design comunitário é melhorar a função e a qualidade estética do ambiente construído para os seus utilizadores". Por outras palavras, o desenho urbano tem uma influência crucial no espaço urbano, porque está profundamente enraizado na forma como a sociedade interage dentro da cidade. É a interação das pessoas com o ambiente urbano que caracteriza um espaço em relação a outros (Clark, 1985). Por conseguinte, é também importante tomar nota da forma como o desenho urbano molda o espaço urbano, uma vez que cria função e forma.

2.7. A produção de lugares

Ao destacar a noção de espaço urbano e de conceção urbana, as secções supramencionadas passaram da definição dos dois conceitos para a identificação da sua interligação. Reconheceu-se também que a dimensão social do espaço, o modo como o espaço é percepcionado e as suas funções estão intrinsecamente ligados à sua forma física. Consequentemente, a integração do espaço físico e social cria, sem dúvida, um "lugar", uma vez que a relação socioespacial inscreve as funções, representações e significados de um espaço.

Na literatura sobre planeamento urbano, o lugar é visto como "um espaço contestado com identidades múltiplas" que permite uma compreensão dinâmica da cidade (Madanipour, 1996: 24). Esta concetualização do lugar também permite uma melhor compreensão da "diversidade e diferença de espaços particulares dentro de si próprios e em relação aos seus contextos mais amplos" (ibid.). Isto é particularmente verdade em cidades cosmopolitas como HK, que albergam um grande número de migrantes de diversas origens sociais, culturais e económicas. Contudo, como as cidades são entidades dinâmicas com contextos sociais em constante mudança, estes lugares não são fixos e são contestados. Por conseguinte, os lugares são construídos através da combinação de uma multiplicidade de interligações que atravessam as fronteiras físicas dos espaços (Massey, 1994). Em suma, os lugares são redes de identidades fluidas e múltiplas atribuídas a um espaço, que dependem da forma como as pessoas o compreendem, se relacionam com ele e o transformam. No entanto, como as percepções das pessoas não são fixas, estas múltiplas identidades e diferenças, combinadas com o ritmo acelerado da vida urbana cosmopolita, são susceptíveis de desintegrar as relações sociais (Madanipour, 1996).

2.8. O critério da "boa cidade

Depois de identificar as formas como as caraterísticas e identidades dos bairros podem ser influenciadas pelo desenho urbano, esta secção adoptará os vários aspectos necessários para criar um bom espaço urbano, tanto física como socialmente. Este conjunto de critérios será posteriormente utilizado para avaliar se os bairros selecionados possuem as qualidades de um bom bairro e se esta constatação é paralela aos problemas sociais e/ou espaciais que existem (se existirem) nestas áreas.

Para começar, é necessário clarificar o conceito de "bom" bairro ou de "boa" cidade. Nesta tese, um "bom" bairro é aquele em que as estruturas físicas e a conceção do espaço satisfazem as necessidades sociais, culturais e psicológicas dos seus residentes, sem limitar as suas necessidades básicas ou as oportunidades que lhes são oferecidas. As qualidades específicas que devem estar presentes para atingir este objetivo são enumeradas no conjunto de critérios que se segue. Este conjunto de critérios é formulado com base na literatura existente, combinada com adições pessoais.

2.8.1. Critério 1: Sentido

Lynch (1981, 1984) descreve o significado como o grau de correspondência entre a forma física do espaço e a forma como as pessoas o percepcionam. Reflecte o processo pelo qual os indivíduos percepcionam o espaço e a forma como os outros se percepcionam como parte do mesmo espaço. Por outras palavras, é a clareza com que os utilizadores percebem o espaço urbano, dependendo da estrutura espacial, da cultura, da qualidade do espaço e do objetivo e posição do utilizador (ibid.).

O significado tem três componentes:

I. A identidade, que se mede pelas "caraterísticas que nos permitem diferenciar um espaço de outro" (Arthur e Passini. 1992: 87). São as caraterísticas espaciais de um lugar que o tornam distinto e que, consequentemente, reforçam a capacidade dos seus utilizadores de reconhecerem o ambiente.

II. A estrutura é a forma como um objeto é colocado no espaço, em relação aos utilizadores e a outros objectos. Por exemplo, Lynch (1979) defende que certas formas físicas, como um marco, são essenciais para atrair pessoas para um bairro. Isto criaria ambientes claros ou legíveis, oferecendo mais prazer visual e segurança emocional e melhorando assim as experiências (ibid.).

III. O significado é o que um lugar representa (Lawson, 2001). São as caraterísticas do espaço que lhe conferem um significado prático ou emocional mais profundo, reflectindo a sua importância e tornando-o mais distinto de outros lugares.

2.8.2. Critério 2: acessibilidade

A acessibilidade, neste sentido, não diz respeito apenas aos transportes, mas também ao acesso dos residentes locais aos serviços públicos e privados, à informação e aos recursos. Quanto mais acessível for um local, mais diversidade atrai, uma vez que as pessoas têm à sua disposição um leque mais alargado de escolhas. Além disso, um bom acesso aos recursos e aos transportes assegura uma deslocação constante no interior do bairro (Jacobs, 1961), evitando assim os riscos de isolamento ou de abandono ( ).

2.8.3. Critério 3: escala

Os bairros devem ser planeados ou concebidos a uma densidade e escala sustentáveis, garantindo a melhor qualidade de vida possível. Esta escala deve também ser suficientemente pequena para permitir a proximidade de instalações, mantendo ao mesmo tempo um sentido de identidade local (OCDE, 1994).

2.8.4. Critério 4: Função

Cada bairro deve conter, mas não se limitar a, habitação, lojas, serviços de educação, instalações de saúde, instalações de lazer e recreio e oportunidades locais de emprego. Isto permite que os residentes vivam, trabalhem e se divirtam na mesma zona, criando um sentimento de pertença e de comunidade, bem como um bairro sustentável que não precisa de depender fortemente de contribuições ou investimentos externos.

2.8.5. Critério 5: conceção

A conceção arquitetónica não deve ser apenas esteticamente agradável, mas também não deve limitar-se à homogeneidade, uma vez que esta apaga a importância da individualidade e das caraterísticas do bairro. Uma conceção homogénea também retira indiretamente o carácter e a diversidade do espaço, criando uma identidade monótona, uma vez que é mais provável que atraia tipos de pessoas semelhantes.

2.8.6. Critério 6: Acessibilidade

A habitação e o espaço comercial devem oferecer uma gama de custos, de arrendamentos e de dimensões para satisfazer uma série de necessidades e de rendimentos. Isto cria uma comunidade integrada e diversificada e evita a segregação espacial e social em relação ao resto da cidade.

A figura 1 resume os seis critérios e os seus subcritérios.

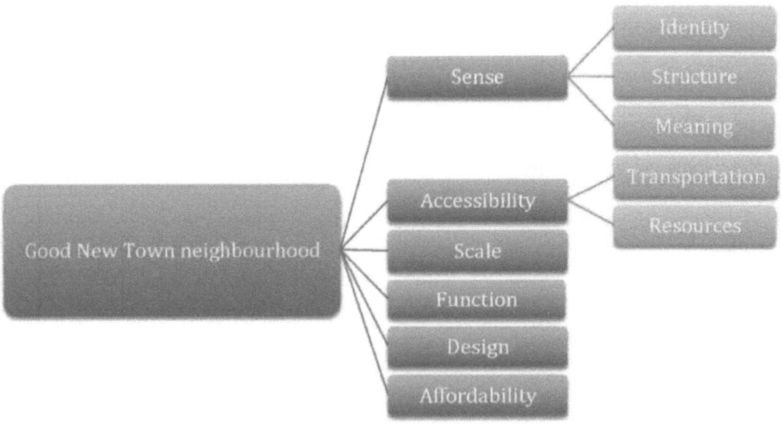

Figura 2.1 - Critérios para um bom bairro de cidade nova.

2.9. Resumo do capítulo

Este capítulo explicou a necessidade de NT em HK, salientando a escala e o âmbito do seu atual problema de densidade. Ilustrou a relação intrínseca entre o espaço urbano e o desenho urbano e a forma como um bom bairro deve encontrar um equilíbrio entre os dois, uma vez que é através da estrutura que produzem em conjunto que os espaços adquirem a sua individualidade, identidade e significado. Deve também oferecer acesso conveniente e funções que não sejam limitadas e restritas a grupos sociais específicos. O aumento da escala do bairro, mantendo a diversidade e as oportunidades, deve ser tido em conta na sua conceção espacial e social. A secção seguinte analisará especificamente dois exemplos e, utilizando os critérios, examinará se os casos selecionados conseguiram produzir uma boa vizinhança.

3.0. Discussão

A secção anterior mostrou que a estrutura espacial e a forma arquitetónica promovem a compreensão de um espaço e restringem certas acções, afectando assim a relação entre o espaço e os seus utilizadores, bem como as relações sociais entre os utilizadores. Estas influências desempenham um papel crucial na configuração das relações socioespaciais num bairro, influenciando o comportamento dos indivíduos e dos grupos no espaço, bem como os seus sentimentos em relação ao bairro. Estes dois elementos também ajudam a transformar o espaço num lugar, dando-lhe identidade e significado. Esta secção baseia-se na literatura acima referida e nos critérios indicados para avaliar em que medida os estudos de caso selecionados "correspondem" às caraterísticas de um bom bairro NT.

3.1. Estudos de casos: o contexto

Como já foi referido, o plano de desenvolvimento dos NT foi adotado em HK para melhorar as condições de vida e o ambiente de trabalho dos seus cidadãos. Para aliviar o problema da sobrelotação no centro da cidade, o urbanista Sir Patrick Abercrombie sugeriu a ideia de construir novas comunidades nos Novos Territórios, onde havia oportunidades de desenvolvimento ferroviário, instalações sociais e de saúde, um sistema de abastecimento de água melhorado, espaços abertos e locais para o desenvolvimento industrial (Bristow, 1989). O governo lançou um programa de desenvolvimento de novas cidades em 1973, dividido em três fases. A primeira consistiu na construção de Tsuen Wan, Sha Tin e Tuen Mun, que começou no início da década de 1970; a segunda fase incluiu Tai Po, Fanling/Sheung Shui e Yuen Long no final da década de 1970 e, finalmente, Tseung Kwan 0, Tin Shui Wai e Tung Chung na década de 1980/1990. A Figura 3.1 ilustra estes NT e a sua localização durante as três fases.

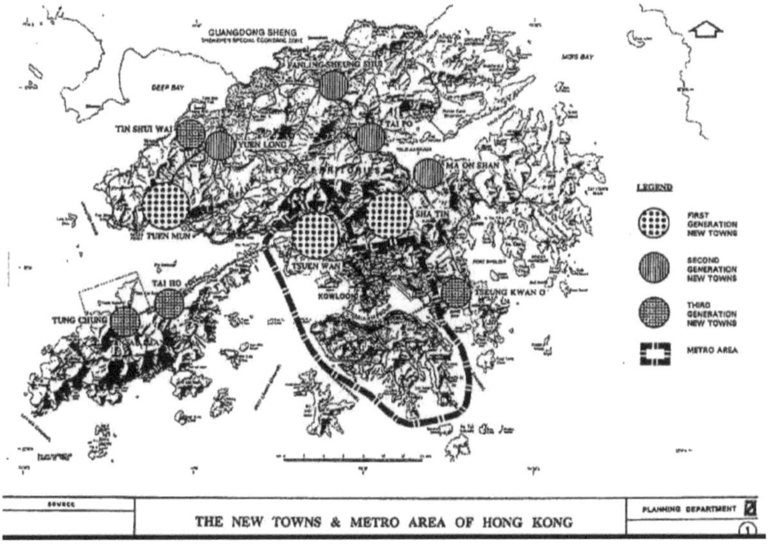

Figura 3.1- Mapa das três gerações de cidades novas em Hong Kong
(Fonte: Departamento de Planeamento de Hong Kong, em Pryor, 1998)

Apenas dois estudos de caso foram selecionados para esta tese, Tsuen Wan (TW) e Tin Shui Wai (TSW). Serão utilizados em conjunto para realçar os sucessos (no caso de TW) e os problemas (no caso de TSW) que resultaram da sua conceção e desenvolvimento.

Estas cidades constituem uma boa comparação, uma vez que TW foi uma das primeiras TN a desenvolver-se durante um período de crescimento exponencial da população com desenvolvimento industrial, mas devido ao crescimento urbano, a oferta global de terrenos industriais foi reduzida para satisfazer as necessidades da comunidade. A área total de desenvolvimento planeada no local é de aproximadamente 3 285 hectares para uma população de 845 000 habitantes (Anon, 1979). O crescimento constante de TW ao longo dos anos valeu-lhe o sucesso de um HK NT que funciona bem e é sustentável.

O TSW, por outro lado, é o NT mais recente, concluído em 2009. Foi construída em terrenos recuperados, com uma área total de desenvolvimento de 430 hectares e uma população projectada de 306 000 habitantes (Law et al., 2009). Tal como TW, pretendia-se que fosse uma cidade integrada e autónoma com duas zonas de emprego. No entanto, este projeto fracassou, uma vez que as perspectivas de emprego diminuíram com a deslocalização das indústrias para o continente, pelo que a TSW "se transformou num aglomerado isolado de bairros de habitação pública, com muitos imigrantes pobres da China" (Lau, 2008: np).

3.2. Significado, função e conceção

Cuthbert (1985) argumenta que os elementos de design são cruciais para a criação de um determinado bairro, uma vez que a estrutura espacial e a forma arquitetónica encorajam, moldam e constrangem diferentes tipos de relações sociais. Por exemplo, refere que a aglomeração tende a criar padrões de repressão estrutural nas populações urbanas (ibid.). Este estado de repressão tende a ser dominante em torres de apartamentos de alta densidade, onde tendem a viver os membros desfavorecidos e privados de direitos da comunidade. O desenho do TSW é idêntico às condições descritas por Cuthbert, onde a maioria dos terrenos é desenvolvida em loteamentos, num estilo modernista, padronizado, vertical e volumétrico. Esta pode ser a razão para o elevado número de casos de violência doméstica e delinquência juvenil registados no NT ao longo dos anos (Lee e So, 2005; Cheung, 2009; Yeung, 2013). No entanto, não existe atualmente qualquer investigação sobre a correlação entre a conceção dos tipos de habitação e estes problemas sociais específicos. Este nível de densidade e escala não demonstrou ser sustentável e não garante a melhor qualidade de vida. Por conseguinte, não responde à sugestão da OCDE (1994) de desenvolver uma escala suficientemente pequena para assegurar a disponibilidade de instalações suficientes, mantendo simultaneamente um sentido de identidade local.

Do mesmo modo, TW também tem edifícios de habitação em arranha-céus, a fim de maximizar os recursos de terra disponíveis. Os planos originais de 1978 previam que 70% da população fosse alojada em habitações sociais, uma proporção mais elevada do que noutras NT na altura (Anon, 1979). De facto, TW tem um dos primeiros conjuntos habitacionais de alta densidade, o primeiro, Tai Wo Hau, que alberga 46.000 pessoas em 19 blocos de habitação pública de 8 andares, numa população de 84.000 habitantes na altura (ibid.). Os restantes 30% da população de TW viviam em habitações privadas, a maioria das quais são bairros de alta densidade construídos por promotores privados para aluguer ou venda.

Embora a conceção das habitações seja semelhante em ambos os NT, a diferença reside na conceção e utilização do espaço ao nível do rés do chão nos empreendimentos. No TW, os pisos inferiores e o rés do chão tendem a ser vendidos para uso comercial, uma vez que *as estruturas* de uso misto ajudam a manter o tráfego pedonal na zona, conferindo-lhe uma *função,* que Jacobs (1961) e Lynch (1981) defendem ser importante num bairro. Os centros comerciais são construídos ao lado ou em terrenos acima do MTR, e as habitações privadas são construídas acima destes empreendimentos comerciais. Isto não só facilita a vida aos residentes e atrai utilizadores de fora da cidade, como também incentiva o contacto social, algo que a TSW não conseguiu fazer. Este design misto de empreendimentos comerciais e de arranha-céus também dá a cada conjunto habitacional *o seu próprio significado* e *função*. Ao atrair o tráfego pedestre, incentiva uma zona mais vibrante, criando um sentido mais forte de comunidade e de interação entre as pessoas e o espaço.

Por outro lado, a conceção dos empreendimentos TSW não considerou a utilização do espaço ao nível do solo para fins comerciais ou recreativos, pelo que a atividade na rua é mínima, reduzindo a probabilidade de os residentes se encontrarem. O resultado é uma falta de interação comunitária no espaço público, produzindo uma sensação de vazio e de falta de vida. Além disso, a sua *estrutura autónoma e a falta de funções ao nível da rua* levaram à negligência de percursos pedonais práticos e seguros para as zonas habitacionais vizinhas. Os residentes tinham de se desviar, percorrendo um caminho mais longo até à ponte pedonal mais próxima ou de metro para atravessar a larga faixa de rodagem que dividia os bairros habitacionais (ver Figura 3.2). A ausência de funções e de actividades que atraiam pessoas de fora a cada bairro é, sem dúvida, uma das razões da falta de acessibilidade. Assim, intensifica-se também o vazio entre bairros, agravando a falta de comunidade e de vida do NT, o que deteriora os significados práticos e emocionais percebidos pelos seus utilizadores, contribuindo para o *significado* negativo e *identitário* associado ao espaço.

Figura 3.2 - Estrada e ponte pedonal que separam os bairros residenciais homogéneos de Tin Shui Wai New Town.

(Fonte: www.globalphotos.org, 2007)

Este vazio é ainda acentuado pelo desenho de uma faixa de rodagem larga, nomeadamente a norte, onde os bairros residenciais são menos densamente povoados. Existe, portanto, uma falta de vitalidade no bairro TSW, onde os residentes têm poucas oportunidades de se encontrarem ou de partilharem um espaço comum. Também se pode argumentar que a intensidade da oferta de habitação é outro fator na perda de um sentido de identidade local, uma vez que priva os residentes do tempo e do investimento necessários para criar uma comunidade mais habitável, negligenciando assim a melhoria do ambiente de vida. A TSW mostra, portanto, como *uma má conceção,* sem ter em conta a *escala*, pode inevitavelmente levar a que uma área seja associada a um *significado e identidade negativos* devido a *estruturas* espaciais mal concebidas e a uma falta de *função* num bairro.

No entanto, o estudo de Law et al (2009) concluiu que os residentes de TSW não pareciam estar preocupados com o impacto do desenho urbano da cidade nas suas práticas sociais, uma vez que as pessoas entrevistadas no local não mostraram preferência por actividades ou lojas ao nível da rua. Isto sugere que a disposição física e a localização das instalações podem não afetar diretamente as preferências das pessoas por um determinado tipo de ambiente de vida. No entanto, pode argumentar-se que os resultados de um único estudo são insuficientes para tirar uma conclusão justa, mas infelizmente não há apenas uma falta de investigação sobre TSW, mas também sobre os efeitos da orientação espacial e da disposição física na dimensão social. Além disso, a atribuição de habitações tende a favorecer as pessoas com um estatuto social e económico mais elevado, oferecendo-lhes mais opções de habitação, em termos de aspectos espaciais e de localização (Cuthbert, 1985). Uma vez que a maioria dos residentes nestas unidades de habitação pública TSW provém de meios modestos, a sua escolha em termos do ambiente de vida que desejam é limitada, o que pode explicar a razão pela qual referiram que a falta de atividade na rua e o design homogéneo não os incomodavam. Também sugere que as pessoas com baixo poder económico têm menos probabilidades de dar prioridade ao seu bem-estar social e ao significado e identidade do seu ambiente de vida do que alguém com maior poder económico. Por outro lado, TW é um NT mais antigo, que por isso tem relações comunitárias e laços sociais mais fortes. As entrevistas com os residentes de TW podem, por conseguinte, dar uma visão diferente da importância de um ambiente de vida dinâmico.

Esta secção mostra que o *sentimento* associado a um bairro é criado pela sua *identidade, significado e estruturas* físicas existentes. Estas *estruturas* residem, em grande medida, no *estilo* e *na qualidade do desenho urbano*, bem como nos tipos de utilização do solo, impondo assim *identidades* e caracteres particulares ao NT. A partir daí, os utilizadores do NT compreendem o seu *significado* em termos da forma como este afecta o seu sentido emocional ou prático.

3.3. Escala e acessibilidade económica

Não só a conceção da habitação é um fator-chave que influencia a natureza do bairro, como a composição do bairro também influencia o tipo de pessoas que nele vivem e o utilizam. Os planos originais de habitação para TSW em 1983 deveriam incluir 50% de habitação pública arrendada e 50% de desenvolvimento privado (Law et al., 2009). Tal como a TW, a TSW foi concebida para ser autónoma, com indústria, instalações comunitárias e de lazer, atividade comercial e espaço aberto. No entanto, devido à procura de habitação ao longo dos anos, o desenvolvimento da TSW centrou-se na oferta de habitação. Entre 1991 e 2008, produziu 13,8% da produção total de habitação de HK, com 13 200 apartamentos transferidos da venda para o aluguer entre 1998 e 2001 (ibid.). Este aumento da produção de apartamentos para arrendamento público conduziu a uma conceção idêntica dos bairros residenciais, em que cada bloco independente tem agora as suas próprias instalações comerciais e comunitárias e uma conceção homogénea. A natureza homogénea da conceção das habitações pode ter reduzido os custos de desenvolvimento e acelerado o processo, permitindo à TSW responder à pressão para produzir um grande número de apartamentos num curto período de tempo.

Embora seja louvável o facto de HK ter desenvolvido uma *enorme quantidade de habitação a preços acessíveis* num curto período de tempo, este facto criou problemas que Jacobs (1961) previu que ocorreriam em bairros residenciais de alta densidade e de grande altura. Tal como Jacobs previu, existe uma heterogeneidade limitada nas TSW, uma vez que os residentes que vivem nestes empreendimentos têm um nível socioeconómico semelhante. Consequentemente, este agrupamento de uma população homogénea criou um bairro de baixos rendimentos, o que provavelmente explica os elevados níveis de delinquência juvenil e os problemas domésticos associados à zona. A identidade associada ao TSW desencoraja as empresas a investir na zona, o que diminui o estatuto económico e o valor do bairro.

Além disso, para além da identidade negativa incorporada na TSW, a assimetria na oferta de habitação devido ao desenvolvimento de mais bairros de habitação pública, em vez de um equilíbrio entre habitação pública e privada, também significou que os promotores privados e as empresas mostraram pouco interesse em investir na área (Law et al., 2009). Este facto alterou a composição da comunidade, resultando na deslocação de uma grande população de baixos rendimentos para esta área "isolada" num curto espaço de tempo (ibid: iii). Um artigo recente refere que a TSW alberga cerca de 10% do total da população desempregada de Hong Kong (Lau, 2008), o que significa que o baixo poder de compra dos membros da comunidade se traduz numa atividade económica local passiva, levando a mais perdas de emprego local. Isto reforça a falta de *funções* e de *acesso a empregos* na zona, não dando ao bairro qualquer razão para atrair pessoas para a zona, o que intensifica ainda mais a falta de atividade económica local, uma vez que o poder de compra não seria suficientemente elevado para alimentar a comunidade local, pelo que os empregos não são necessários. Consequentemente, muitos residentes têm de gastar uma grande parte do seu rendimento em deslocações ao centro da cidade para trabalhar (ibid.).

Esta secção mostra que, embora ambos os NT tenham produzido uma grande quantidade de habitação a preços acessíveis, o TW é considerado um bairro melhor do que o TSW porque tem uma mistura mais equilibrada de habitação (ver Figura 3.3). Por conseguinte, devido à natureza das habitações padronizadas e produzidas em massa do urbanismo modernista, é importante notar que as opções de habitação têm de satisfazer as necessidades de diferentes grupos socioeconómicos, em vez de se limitarem a oferecer opções a preços acessíveis. São as pessoas que fazem o bairro e, se as estruturas físicas impedirem que certos tipos de pessoas queiram viver no bairro, isso apenas reforçará a homogeneidade, o que poderá ser prejudicial para a sustentabilidade social e económica a longo prazo.

3.4. Acessibilidade: instalações e serviços

Os planos de desenvolvimento originais de TW de 1978 ilustram locais para desenvolvimento residencial, comercial e industrial, bem como espaços para instalações comunitárias, tais como clínicas, escolas, edifícios sociais e espaços abertos. Estas instalações foram desenvolvidas em paralelo com o desenvolvimento residencial e industrial "de modo a expandir gradualmente a nova cidade como uma comunidade equilibrada" (Anon, 1979: 14). Estas instalações incluem duas piscinas públicas, que são populares não só entre os residentes locais, mas também com o resto da cidade, especialmente porque as pistas são reservadas por treinadores que dão aulas todos os dias. Além disso, como TW está rodeada de colinas, a área oferece rotas e caminhos cénicos para caminhantes, corredores e ciclistas. As colinas também têm locais públicos com bancos e mesas concebidos especificamente para piqueniques e churrascos. Por estas razões, existem muitas caraterísticas que atraem pessoas de fora da NT para a zona, bem como muitas caraterísticas que definem a zona e lhe dão significado.

Figura 3.3- A diversidade de habitações e as colinas ao fundo constituem a nova cidade de Tsuen Wan.

(Fonte: Tofuphotography, 2012)

Em contrapartida, TSW não atrai pessoas de fora, não só porque tem instalações recreativas e comerciais limitadas, mas também porque não oferece emprego. [3]A existência de indústrias é vital tanto para os residentes como para a cidade no seu todo, uma vez que traz pessoas de fora, proporcionando mais oportunidades nos sectores de serviços para os residentes locais, o que é evidente em TW. No entanto, em TSW, os despedimentos industriais exacerbaram a já elevada taxa de desemprego, reforçando a imagem negativa de uma cidade dominada por migrantes pobres e desempregados. Esta elevada taxa de desemprego é agravada pelos elevados custos de deslocação, pelos residentes pouco qualificados e por uma elevada percentagem de famílias monoparentais (Law et al., 2009). Esta falta de acesso ao emprego criaria um círculo vicioso de problemas sociais e de pobreza, especialmente se a zona continuar a não ser autossuficiente.

[3] Restaurantes/cafés locais, pequenas empresas, etc.

Além disso, um dos principais problemas em TSW é o número de tragédias familiares e casos de violência doméstica registados todos os anos. Embora os funcionários e os residentes tenham atribuído este problema à falta de instalações de saúde mental na zona (Law et al., 2009), pode argumentar-se que a elevada densidade, a falta de interação entre vizinhos e o desenho homogéneo da cidade não promovem a felicidade, a vitalidade ou o sentido de comunidade. Como afirma Wirth, "o aumento do número de habitantes de uma povoação para além de um certo limite afectará as relações entre eles e o carácter do [bairro]" (1938: 10-11). Uma vez que "um grande número de habitantes implica... uma maior variedade de variações individuais" (ibid.), os planeadores precisam de acomodar as diferenças e planear a heterogeneidade em vez de produzir comunidades homogéneas ( ), o que menospreza a identidade individual e a diversidade. Talvez a TSW devesse considerar formas de criar mais "oportunidades para os novos residentes estabelecerem uma identidade no seu novo ambiente", o que a TW tem feito através dos seus centros comunitários construídos em conjunto com cada bairro de habitação pública (Anon, 1979).

3.5. Acessibilidade: Transportes

O acesso aos transportes não foi considerado um problema importante para nenhuma das NT. Em TW, foram efectuadas melhorias nas estradas principais ao longo dos anos para fazer face ao aumento do tráfego. O MTR serve quatro rotas diferentes a partir de TW, com cinco estações MTR em NT adjacentes a grandes empreendimentos residenciais. Estas estações também têm pontos de intercâmbio para autocarros, mini-autocarros (pequenos autocarros de 14 lugares), táxis e parques de estacionamento. Além disso, um serviço de ferry eficiente liga TW ao distrito central de HK, com viagens que demoram entre 15 e 30 minutos. Claramente, a área é muito acessível ao resto de HK graças a uma vasta gama de opções de transporte.

De igual modo, existem vários meios de transporte dentro e fora da TSW. Os bairros estão ligados por serviços de autocarros e miniautocarros, que também são utilizados para viajar dentro e fora do distrito. Em 2008, verificou-se que cerca de 51% dos residentes se deslocavam para a escola ou para o trabalho de autocarro e 46% de MTR (Law et al., 2009). As opções de transporte público foram concebidas para se complementarem, para facilitar o acesso em redor, para dentro e para fora da TSW. No entanto, poucas pessoas referiram utilizar mais do que um meio para chegar ao trabalho (ibid.). Apesar da boa ligação da TSW ao resto de HK, há uma falta de objectivos e funções que conduzam as pessoas à cidade. Por conseguinte, poder-se-ia dizer que um bom acesso aos transportes é inútil se não for complementado por um bairro dinâmico.

3.6. Observações finais

Este capítulo identificou as qualidades louváveis e problemáticas da conceção e planeamento urbanos que existem em duas das NT de HK. TW é reconhecida como uma história de sucesso, oferecendo oportunidades de emprego, educação e serviços de saúde, bem como instalações de lazer e recreio. No entanto, poder-se-ia argumentar que o sucesso de

A TW, tal como a diversidade das suas funções, deve-se ao facto de a cidade existir há muito mais tempo do que os outros NTs de Hong Kong e, por conseguinte, ter tido a oportunidade de desenvolver os seus serviços e modificar os seus erros de conceção e planeamento.

TSW, por outro lado, é uma cidade muito mais jovem que teve de lidar com um aumento do número de migrantes da China continental na última década. TSW ilustra como um planeamento desequilibrado do uso do solo, uma mistura desigual de habitação, um desenho urbano incompetente e um acesso inadequado a oportunidades de trabalho, serviços e instalações podem levar à criação de uma "cidade de tristeza" (Lau, 2008). É talvez a incapacidade de ter em conta os tipos de residentes susceptíveis de se instalarem na cidade que os urbanistas negligenciaram no processo de conceção e planeamento.

4.0. Conclusão do estudo

Esta tese ilustrou a importância do planeamento e da conceção urbanos na criação de bairros "bons", funcionais e sustentáveis. Mostrou que alguns dos NTs de HK negligenciaram a consideração das relações socio-espaciais no seu processo de conceção, como ilustrado por TSW, onde as caraterísticas do planeamento modernista são claramente prejudiciais para as comunidades. A especialização da produção de uma cidade com o objetivo de acolher novos migrantes e descongestionar o centro urbano através da produção em massa de habitações padronizadas, volumétricas e verticais (para garantir a acessibilidade dos preços e um processo de desenvolvimento rápido), resultou na produção de comunidades homogéneas, conduzindo a uma espiral de problemas sociais adicionais. No entanto, a TW demonstrou que é possível desenvolver comunidades NT bem sucedidas quando o desenvolvimento é equilibrado e existem serviços e oportunidades de emprego suficientes. Assim, os estudos de caso realçaram a necessidade de examinar a forma como as estruturas espaciais e físicas podem afetar a dimensão social.

No entanto, este ensaio baseou-se em dados secundários e foi escrito num número limitado de palavras, pelo que é questionável se as conclusões tiradas são justificáveis. Os critérios apresentados poderiam ser mais úteis para os investigadores que efectuam a recolha de dados no terreno, uma vez que poderiam ajustar e adaptar os inquéritos por questionário, as entrevistas e as discussões em grupos de discussão em conformidade.

Além disso, como argumenta Moudon (1992), toda a investigação e teoria sobre conceção e planeamento urbanos é *parcial*. Abordam apenas algumas, mas não todas, as questões que se colocam aos projectistas e planeadores. Por exemplo, para acumular conhecimentos sobre a conceção urbana mais adequada para um bairro específico, é necessário analisar a forma como as pessoas vêem e sentem o seu ambiente (Lynch, 1981) e compilar e avaliar os bairros existentes, em vez de procurar a abordagem ou teoria *correta* (Moudon, 1992). Voltando ao início da ideia da NT, Howard já referiu que todos os bairros e contextos são independentes uns dos outros, porque são todos diferentes. A investigação sobre os futuros desenvolvimentos dos NT poderia talvez basear-se nos êxitos e problemas dos NT existentes.

Isto é particularmente verdade no contexto de Hong Kong, uma vez que a maior parte da literatura sobre planeamento urbano se baseia em estudos ocidentais, pelo que é difícil aplicar diretamente os conhecimentos ocidentais à natureza específica dos bairros de Hong Kong e às necessidades dos seus habitantes (por exemplo, satisfazer as necessidades de certos tipos de migrantes, viver em alta densidade e em edifícios altos, falta de recursos fundiários, etc.). Compreender uma cidade e planeá-la ou concebê-la são duas questões distintas (Moudon, 1992). Os planeadores devem primeiro compreender de que são feitos os bairros, como surgem e funcionam, e o que significam para os seus residentes, a fim de conceberem "bons" bairros (ibid.). Por conseguinte, a investigação futura sobre a conceção e o planeamento urbanos em casos como os NT de Hong Kong tem de compreender tanto a especificidade do lugar como a interação entre a sua sociedade e o contexto espacial, antes de obter avaliações e recomendações para futuros processos de conceção e planeamento.

5.0. Referências

Anon (1979) *Hong Kong'sNew Towns: Tsuen Wan,* Hong Kong: Government Information Services Hong Kong.

Bristow, R., (1989) "Hong Kong's New Towns: A Selective Review", Hong Kong: Oxford University Press.

Chalkley, B. (1997) "Hong Kong: Colony at the Crossroads", *Geography,* 82: 139147.

Cheung, L. L. (2009) *Constructing Tin Shut Wai as the CityofSadness,* tese de mestrado: Departamento de Sociologia, Universidade de Hong Kong.

Chi, I. e Chow, N. (1997) "Housing the Family Care for the Elderly in Hong Kong", *Ageing International,* pp. 65-77.

Clark, A. N. (1985) *Longman DictionaryofGeography.* Harlow: Longman.

Colquhoun, A. (1989) *Modernityand the Classical TraditiomArchitecturalEssays 1980 - 1987.* Cambridge, MA: MIT Press.

Cuthbert, A. R. (1985) "Architecture, Society and Space - The high-density question re-examined", em (ed.) Diamond, D. e McLoughlin, J. B., *Progress in Planning,* Pergamon Press Ltd, 24 (2), pp. 71-160.

Cuthbert, A. R. (2011) *Understanding Cities: Method m Urban Design.* Oxford: Routledge.

Demographia (2013) *Demographia World Urban Areas (World Agglomerations).* 9th edição anual. março de 2013.

Dhanabalan, S. (1989) "A integração social deve ser mantida". *Discurso.* Ministério do Desenvolvimento Nacional, Singapura. B (1): pp. 3-7.

Forrest, R., La Grange, A., e Yip, N. M. (2002) "Neighbourhood in a high rise, high-density city: some observations on contemporary Hong Kong", *The SociologicalReview,* Oxford: Blackwell.

Forrest, R., La Grange, A., Yip, N. M. (2004) "Hong Kong as a Global City? Social Distance and Spatial Differentiation" in *Urban Studies,* 41 (1) pp. 207-227.

Gaborit, P. (2005). Reinventing the New Town Mindset, *The European New TownsPlatform* (ENTP), Bruxelas, NovaTerra Connected Cities, dezembro de 2005, 5.

Goodall, B. (1987) *ThePenguin DictionaryofHuman Geography.* Harmondsworth: Penguin.

HK Gov (2012) *New Towns and New Major Urban Developments,* [em linha] Governo da Região Administrativa Especial de Hong Kong: Departamento dos

Serviços de Informação. http://www.gov.hk/en/about/abouthk/factsheets/docs/towns&urban de velopmentsDisponível em: .pdf. [Acedido em 15/08/13]

Greene, S. [1992] "Cityshape: communicating and evaluating community design", *JournaloftheAmerican Planning Association.* Vol. 58 [2], pp. 177-189.

Hall, Sir Peter. 1988. *CitiesofTomorrow:An IntellectualHistoryofUrban Planning and Design in the Twentieth Century.* Oxford: Blackwell Publishers.

Harvey, D. [1985] *Consciousness and the Urban Experience: Studies in the History and TheoryofCapitalist Urbanisation.* Oxford: Basil Blackwell.

Hayes, J. [1994] *Tsuen Wan: Growth ofa New Town and Its People,* EUA: Oxford University Press.

Jacobs, J. [1961] *Death and life in the great American cities [Morte e vida nas grandes cidades americanas].* Nova Iorque: Random House.

Lau,J.(2008J SocialProblems : CityofSadness CountsitsCarParks, *Financial Times Reports,* [internet] 30 de junho, Disponível em: http://www.ft.com/cms/s/0/bfc6f7f0-43d7-lldd-842e-0000779fd2ac.html#axzz2dBHAzECf [Acedido: 20/08/13]

Law, C. K., Wong, Y. C., Chui, E., Lee, K. M., Pong, Y. Y., Yu, R., e Lee, V. (2009) "A Study on Tin Shui Wai New Town", Relatório Final: Universidade de Hong Kong, Departamento de Trabalho Social e Administração Social.

Lee, A. C. W., e So, K. T. (2005) "Responding to Domestic Violence in Yuen Long District", *Hong Kongjournal ofPediatrics* (new series), 10: pp. 96-100.

Lefebvre, H. (1991 [1974]) *La production de l'espace.* Oxford: Basil Blackwell.

Leung, W. T. (1983) "The New Towns Programme", em Chiu, T. N. e So, C. L. (eds) *A Geography of Hong Kong,* 2(nd) Ed. Hong Kong: Oxford University Press.

Ley, D. (1989) "Modernism, Post-modernism and the Struggle for Place", em Agnew, J. e Duncan, J. (eds.). *The Power of Place: Bringing Together Geographical and Sociological Imaginations.* Boston: Unwin Hyman, pp. 4465.

Lo, C. (2011) 'Special police team for teen gang hot spot', SCMP, 4 de julho, Fonte do Jornal.

Lynch, K. (1960) *The Image of the City.* Cambridge Massachusetts: MIT Press.

Lynch, K. (1979) *The image of the city.* Cambridge, MA: MIT Press.

Lynch, K. (1981) *Good CityForm.* Cambridge, MA: MIT Press.

Lynch, K. (1984) *Good CityForm.* 2(nd) Edição. Cambridge, MA: MIT Press.

Madanipour, A. (1996) "Urban Design and Dilemmas of Space", *Environment and*

Planning D, Society and Space. Vol. 14, pp. 331-55.

Massey, D. (1994) *Space, Place and Gender.* Cambridge: Polity Press.

Mayhew, S e Penny, A. (1992) *The Concise Oxford Dictionary ofSociology.* Oxford: Oxford University Press.

Moe, R. e Wilkie, C. (1997) *Changing Places; Rebuilding Community m TheAge ofSprawl.* Boston: Henry Holt & Co.

Moudon, A. V. (1992) "A Catholic Approach to Organising What Urban Designers Should *Know", JournalofPlanning Literature,* Vol. 6 (4), pp. 331-349.

Natrasony, S. M., e Alexander, D. (2005) "The rise of modernism and the decline of place: the case of Surrey City Centre, Canada". *Planning Perspectives,* 20(4), 413-433.

Newman, P., e Kenworthy. J. (1999) *Sustainability and Cities: Overcoming Automobile Dependence.* Washington: Island Press.

Organização para a Cooperação e Desenvolvimento Económico (OCDE) (1994) "Cities for the 21st Century", *Conferência Internacional da OCDE,* novembro de 1992.

Pryor, E. (1998), "Parrallel Development of Strategic Land-use and Transport Planning: The Case of the Territorial Development Strategy", em Dimitriou, H., & Cook, A., *Land-use/Transport Planning in Hong Kong: The End of an Era: A Review of Principles and Practices* (pp. 55-79). Aidershot, Inglaterra: Ashgate.

Pun, K. S. (1987) New Towns and Urban Renewal in Hong Kong , in *New Towns in Eastand South-eastAsia: Planning and Development.* Hong Kong: Oxford University Press.

Rogers, A. (1971) "Theories of intra-urban spatial structure: a dissentingview", in L. S. Bourne (ed.), *Internalstructure ofthe City.* Nova Iorque: Oxford University Press, pp.210 - 215.

Rowe, P. G. (2005) *Easy Asia Modern: Shaping the Contemporary City.* Londres: Reaktion Books.

Sandercock, L. (1998) *Towards Cosmopolis:PlanningforMulticulturalCities.*

Chichester, Inglaterra: Wiley.

Shelton, B., Karakiewicz, J., e Kvan, T. (2011) *The Making of Hong Kong: From Vertical to Volumetric.* Londres: Routledge.

So, A. (2004) "Hong Kong's Pathway to becoming a global city", em (eds) Gugler, J. *World Cities beyond the West-. Globalization, Development, and Inequality,* pp. 212-239. Cambridge: Cambridge University Press.

Soja, E. (1989) *Postmodern Geographies: The Reassertion ofSpace m Critical Social*

Theory. Londres: Verso.

Solomon, D. (2003) *Global CityBlues.* Washington: Island Press.

Tonkins, F. (2005) *Space, the City and Social Theory.* Cambridge, Reino Unido: Polity Press.

Trocki, C. (2006) *Singapore: Wealth, Power and the Culture of Control.* Nova Iorque: Routledge.

Tschumi, B. (1990) *QuestionsofSpace.* Londres: Architectural Association.

Van der Laan, D. (1983) *ArchitectonicSpace.* Leiden: E. J. Brill.

Vasoo, S., (1986), *Residents Organizations m the New Towns of Hong Kong and Singapore,* tese de doutoramento não publicada, Universidade de Hong Kong.

Wang, T. P. (1995) *The Origins of Chinese Kongsi.* Selangor Darul Ehsan, Malásia: Publicações Pelanduk.

Ward, S. V. (2007) "The Garden City: an enduring model for sustainable urbanisation", apresentação *em PowerPoint,* Oxford Brookes University, Reino Unido.

OMS (2013) Urban population growth , Organização Mundial de Saúde, Global Health Observatory, [em linha] Disponível em: http://www.who.int/gho/urban health/situation trends/urban populatio n growth text/en/ [Acedido: 20/08/2013]

Wirth, L. (2000 [1938]) "Urbanism as a Way of Life", in LeGates, R. T. and Stout, F. (eds) (2000) *City* Reader, Oxford: Routledge [2nd ed], pp. 97-105.

Wirth, L. (1938) 'Urbanism as a Way of Life , in *Americanjournal ofSociology,* Vol. 44 (1), pp. 1-24.

Wong, S. L., Moore, M., Chin, J. (2008) "Hong Kong: Demographic Change and International Labour Mobility", para a conferência PECC-ABAC sobre "Demographic Change and International Labour Mobility in the Asia Pacific Region: Implications for Business and Cooperation" em Seul, Coreia, 25 e 26 de março de 2008.

Yeh, A. G. 0. (2011) "High-density Living in Hong Kong", *UrbanAge: Cities, Health and Well-being.* LSE Cities: LSE.

Yeung, M. (2012) Tin Shui Wai Cries Out for Help and Support, *South China Morning Post,* [online] 13 de agosto, disponível em: http://www.scmp.com/article/612545/tin-shui-wai-cries-out-help-and-support. [acedido em 22/08/13].

Zevi, B. (1957) *Architecture as Space: How to Look atArchitecture.* Nova Iorque: Horizon Press.

MIX
Papier aus verantwortungsvollen Quellen
Paper from responsible sources
FSC® C105338

Printed by Books on Demand GmbH, Norderstedt / Germany